QUESTIONNAIRE

DE

ZOOLOGIE ÉLÉMENTAIRE,

A L'USAGE

DE L'ÉCOLE PRIMAIRE DE LA TOUSSAINT.

STRASBOURG,

Chez V.e LEVRAULT, libraire, rue des Juifs, n.° 33.

1843.

STRASBOURG, de l'imprimerie de V.e Berger-Levrault.

QUESTIONNAIRE

DE ZOOLOGIE.

§. 1.

Qu'est-ce que la zoologie?

C'est la science qui traite des animaux.

Quelle est l'étymologie du mot zoologie?

Zoologie vient de deux mots grecs : *zoon*, qui veut dire animal, et *logos*, discours.

Qu'est-ce qu'un animal?

Un animal est un être organisé, vivant, qui naît, croît, vit et meurt; qui se meut et change de place suivant ses besoins; doué de sensibilité; pourvu d'une cavité intérieure, nommée estomac, destinée à élaborer ses aliments.

Comment divise-t-on les animaux?

On les divise en quatre grands embranchements : 1.° les *vertébrés*, 2.° les *articulés*, 3.° les *mollusques*, 4.° les *zoophytes*.

Comment appelle-t-on les différentes parties qui composent le corps des animaux?

On les appelle *organes*.

§. 2.

DES ORGANES.

Que veut dire le mot organe?

Organe veut dire instrument qui sert à la vie.

Quels sont les organes les plus essentiels à la vie?

Chez les animaux les plus parfaits ce sont : le cerveau, le cœur, les poumons et l'estomac, qui exécutent les principales fonctions qui concourent à la vie.

Quelles sont ces fonctions?

Le cerveau est le siége de la *sensibilité;* les fonctions du cœur ont reçu le nom de *circulation,* celles des poumons sont appelées *respiration,* et celles de l'estomac *digestion.*

Nommez quelques-uns des autres organes?

Au premier rang se placent les organes des sens : ainsi l'oreille est l'organe de l'*ouïe;* l'œil est l'organe de la *vue;* le palais est l'organe du *goût;* les narines sont l'organe de l'*odorat,* et enfin la peau celui du *toucher.*

---

§. 3.

DE LA CIRCULATION.

Qu'est-ce que la circulation?

On entend par circulation le mouvement du sang dans les diverses parties du corps.

Quels sont les organes qui servent à la circulation?

Il y en a de deux sortes : le cœur et les vaisseaux.

Combien y a-t-il de sortes de vaisseaux?

Deux sortes : les artères et les veines.

Quelles sont les fonctions du cœur dans la circulation?

Le cœur, après avoir reçu le sang, le pousse dans les poumons qui le lui renvoient, après quoi il le chasse dans les artères.

§. 4.

SUITE DE LA CIRCULATION.

Quelles sont les fonctions des artères dans la circulation?

Les artères, après avoir reçu le sang du cœur, le conduisent dans toutes les parties du corps par d'innombrables ramifications.

Quelles sont les fonctions des veines dans la circulation?

Les veines, après avoir reçu le sang des artères, le conduisent au cœur pour être de là envoyé dans les poumons.

Y a-t-il une différence entre le sang contenu dans les artères et le sang contenu dans les veines?

Oui; le sang contenu dans les artères, appelé sang artériel, est d'un rouge vermeil, et celui des veines, ou le sang veineux, est noirâtre.

§. 5.

DE LA RESPIRATION.

Qu'est-ce que la respiration ?

On entend par respiration l'acte vital par lequel le sang veineux est mis en contact avec l'air pour être transformé en sang artériel.

Quels sont les organes où se fait cette transformation ?

Chez les animaux les plus parfaits cette transformation se fait dans les poumons.

Quel est le principe de l'air qui opère ce changement ?

C'est l'oxigène, qui est le seul gaz propre à entretenir la vie chez les animaux d'un ordre élevé.

---

§. 6.

DE LA DIGESTION.

Qu'entend-on par le mot digestion ?

Par digestion on entend la séparation des parties nutritives ou alimentaires des aliments de celles qui, ne pouvant nourrir, doivent être rejetées.

Quels sont les organes qui opèrent cette séparation ?

Ce sont les organes qui composent l'estomac.

Comment se fait cette séparation?

Les aliments, une fois introduits dans l'estomac, sont pénétrés par un suc propre à les dissoudre, nommé *suc gastrique*, et convertis par lui en une bouillie homogène qu'on nomme *chyme*.

Comment s'appelle cette opération?

Cette opération se nomme *chymification*.

---

§. 7.

SUITE DE LA DIGESTION.

Que devient le chyme après sa formation?

Le chyme, poussé dans une autre partie du canal alimentaire, appelée *duodénum*, est pénétré par deux sucs nouveaux, la bile et le suc pancréatique, et transformé en une masse laiteuse qu'on nomme *chyle*.

D'où viennent la bile et le suc pancréatique?

La bile est sécrétée par le *foie* et le suc pancréatique par le *pancréas*, qui sont deux grosses glandes voisines du duodénum.

Comment s'appelle cette opération?

Cette nouvelle transformation se nomme *chylification*.

---

§. 8.

SUITE DE LA DIGESTION.

Que devient le chyle après sa formation?

Le duodénum, où se forme le chyle, est tapissé d'une foule de petits vaisseaux, appelés *vaisseaux lactés*, lesquels absorbent le chyle au fur et à mesure de sa formation et le répandent dans la masse du sang.

Que se passe-t-il alors?

On regarde le chyle comme un liquide qui n'a plus besoin pour devenir sang, que de recevoir l'influence vivifiante de l'air dans les poumons.

Quelle est sa destination?

Le chyle a pour destination évidente de réparer les pertes qu'éprouve le sang en alimentant toutes les parties du corps.

---

§. 9.

PREMIER EMBRANCHEMENT DU RÈGNE ANIMAL.

LES VERTÉBRÉS.

Quels sont les caractères des animaux vertébrés?

Les vertébrés ont un cerveau renfermé dans une boite osseuse, appelée *crâne;* une charpente solide, nommée *squelette,* formée d'un grand nombre d'os et recouverte de parties molles, appelées *muscles;* ils ont un cœur pour la circulation et un sang rouge.

Quelle place les vertébrés occupent-ils dans l'échelle des êtres?

Les vertébrés sont les animaux les plus parfaits; ils occupent la première place dans le règne animal.

Comment divise-t-on les vertébrés?

Les vertébrés sont divisés en quatre grandes classes : les *mammifères*, les *oiseaux*, les *reptiles* et les *poissons*.

---

§. 10.

PREMIÈRE CLASSE DES VERTÉBRÉS.

LES MAMMIFÈRES.

Quels sont les caractères des mammifères?

Les mammifères sont des animaux à sang rouge et chaud; ils respirent avec des poumons; ils ont quatre membres et cinq sens, un cœur et un ou plusieurs estomacs.

Quel est le mode de reproduction des mammifères?

Les mammifères sont les seuls animaux chez lesquels les petits naissent vivants.

Comment divise-t-on les mammifères?

On les divise en huit ordres, qui sont : 1.° les *quadrumanes*, ex. le singe; 2.° les *carnassiers*, ex. le chien; 3.° les *marsupiaux*, ex. la sarigue; 4.° les *rongeurs*, ex. le castor; 5.° les *édentés*, ex. les tatous; 6.° les *pachydermes*, ex. le cheval; 7.° les *ruminants*, ex. le bœuf; 8.° les *cétacés*, ex. la baleine.

---

§. 11.

PREMIER ORDRE DE LA CLASSE DES MAMMIFÈRES.

LES QUADRUMANES.

Quel est le caractère distinctif des quadrumanes?

On donne le nom de quadrumanes aux animaux mammifères pourvus de quatre mains, ayant cinq doigts libres; leur pouce est opposable au creux de la main.

Combien de sortes de dents ces animaux possèdent-ils?

Ils possèdent les trois sortes de dents, les incisives, les canines et les molaires.

Quels sont les animaux compris dans cet ordre?

Cet ordre renferme les diverses espèces de singes, animaux qu'on ne rencontre libres que dans les contrées les plus chaudes du globe.

Quel est leur genre de nourriture?

Les singes sont omnivores, c'est-à-dire, qu'ils peuvent se nourrir de toute espèce d'aliments; mais ils préfèrent les fruits, les légumes, les insectes.

---

§. 12.

CLASSIFICATION DES SINGES.

Comment divise-t-on les singes?

On divise les singes en deux groupes, savoir: les singes de l'ancien continent et les singes du nouveau monde.

Quels sont les caractères des singes de l'ancien continent?

Ces singes ont une tête ronde, des narines ouvertes en dessous et très-rapprochées; un très-grand nombre ont de chaque côté de la figure une sorte de poche qui sert à loger provisoirement les aliments, et que l'on nomme *abajoues*. Leur queue, quand elle existe, n'est jamais prenante.

Quel genre remarquable ce groupe renferme-t-il?

Ce groupe renferme, entre autres singes, les orangs, qui sont les plus grands de tous les singes, et ceux dont l'organisation se rapproche le plus de celle de l'homme.

---

§. 13.

SUITE DE LA CLASSIFICATION DES SINGES.

Quels sont les caractères des singes du nouveau monde?

Les singes du nouveau monde ont les narines placées sur les côtés et très-distantes; ils possèdent un plus grand nombre de dents molaires ; ils n'ont pas d'abajoues, et leur queue est souvent prenante.

Quels sont les genres compris dans ce groupe?
Ce groupe comprend les ouistitis, les sapajous et les alouates ou singes hurleurs.

Quelle particularité présentent ces derniers?
Les singes hurleurs ont un très-gros cou, ce qui est dû au renflement d'un os (l'os hyoïde), formant une sorte de tambour, qui donne à leur voix un volume énorme.

---

§. 14.

DEUXIÈME ORDRE DE LA CLASSE DES MAMMIFÈRES.

LES CARNASSIERS.

Quels sont les caractères des carnassiers?
Les carnassiers sont des mammifères ayant, comme les singes, trois sortes de dents. Leurs doigts sont munis d'ongles, mais leur pouce n'est pas libre ni opposable aux autres doigts.

Quelle est la forme de leurs dents canines?
Elles sont très-longues et très-pointues.

Quel est le sens le plus développé chez ces animaux?

Le sens le plus développé chez eux est le sens de l'odorat.

Quel est le genre de leur nourriture?

Les carnassiers se distinguent par un appétit très-prononcé pour la chair, d'où leur est venu leur nom.

Comment les divise-t-on?

On divise les carnassiers en trois familles : les *chéiroptères* ou *chauves-souris*, les *insectivores* et les *carnivores*.

---

§. 15.

PREMIÈRE FAMILLE DE L'ORDRE DES CARNASSIERS.

LES CHÉIROPTÈRES.

Quels sont les animaux compris dans cette famille?

La famille des chéiroptères renferme les diverses espèces de chauves-souris.

Que signifie le mot chéiroptère?

Il signifie *main ailée*, et désigne des animaux carnassiers dont les bras, et surtout les doigts, sont très-allongés et unis entre eux par une peau très-fine, qui se prolonge jusqu'aux membres postérieurs.

Quel est le but de cette organisation?

Elle constitue un appareil propre au vol.

Quel est le genre de vie des chéiroptères?

Ce sont des animaux nocturnes qui vivent d'insectes ou de fruits. Ils hivernent dans les pays froids. Une espèce américaine, connue sous le nom de *vampire*, suce le sang des autres animaux et des hommes endormis.

---

§. 16.

DEUXIÈME FAMILLE DE L'ORDRE DES CARNASSIERS.

LES INSECTIVORES.

Quels sont les caractères des insectivores ?

On donne le nom d'insectivores aux carnassiers qui se nourrissent surtout d'insectes. Leurs dents molaires sont hérissées de pointes coniques, et leurs doigts sont libres.

Les insectivores ne se nourrissent-ils que d'insectes ?

Quelques-uns font leur proie de petits quadrupèdes, tels que mulots, campagnols, souris, etc.

Quelles sont les habitudes des insectivores ?

Ce sont des animaux nocturnes, qui se creusent des terriers, où ils se tiennent cachés presque tout le jour.

Quels genres d'animaux cette famille renferme-t-elle ?

Cette famille renferme les hérissons, les musaraignes, les desmans et les taupes.

---

§. 17.

TROISIÈME FAMILLE DE L'ORDRE DES CARNASSIERS.

LES CARNIVORES.

En quoi se distinguent les carnivores?

Les carnivores se distinguent des autres carnassiers par les quatre longues et grosses canines écartées qui arment leurs mâchoires. Ils ont en tout douze incisives, et leurs molaires ont une surface tranchante.

Citez quelques particularités de leur genre de vie.

Cette famille comprend les animaux qui se nourrissent surtout de proie vivante. Ils se distinguent par leur force et leur instinct sanguinaire.

Comment divise-t-on les carnivores?

On les divise en trois tribus : les *plantigrades*, les *digitigrades* et les *amphibies*.

---

§. 18.

PREMIÈRE TRIBU DE LA FAMILLE DES CARNIVORES.

LES PLANTIGRADES.

Quels sont les principaux genres de la tribu des plantigrades?

Cette tribu renferme les ours, les blaireaux, les kinkajous, les ratons et les coatis.

Quels sont leurs caractères distinctifs?

Le principal caractère des plantigrades, c'est qu'ils marchent sur la plante des pieds. Chez presque tous cette partie est dépourvue de poils.

Quel est en général leur genre de vie?

Ces animaux ont une marche lente; ils vivent dans des cavernes ou des terriers, passent une partie de l'hiver engourdis, et préfèrent, en général, les fruits, les légumes à la chair.

---

§. 19.

DEUXIÈME TRIBU DE LA FAMILLE DES CARNIVORES.

LES DIGITIGRADES.

Que signifie le mot digitigrade?

Le mot digitigrade désigne les carnivores qui marchent sur leurs doigts.

Quels sont les animaux compris dans cette tribu?

Cette tribu renferme plusieurs genres principaux: les martes, les chiens, les chats et les hyènes, les civettes, etc.

Quelles particularités présente leur organisation?

Les digitigrades sont en général des animaux extrêmement agiles; leurs mouvements sont brusques, leurs membres sont doués d'élasticité, leurs dents sont très-tranchantes et leur estomac fort court.

§. 20.

TROISIÈME TRIBU DE LA FAMILLE DES CARNIVORES.

LES AMPHIBIES.

Quels sont les animaux auxquels on réserve le nom d'amphibies ?

On donne le nom d'amphibies à des carnassiers qui vivent dans la mer, près des rivages, où ils se traînent en rampant pour se reposer et allaiter leurs petits.

Quelle est la forme de leur corps ?

Ils ont quatre pieds courts, palmés ou en forme de nageoires. Leur corps se termine en pointe, comme celui des poissons, mais ils respirent avec des poumons comme les autres mammifères.

Comment les divise-t-on ?

On les divise en deux familles : les *phoques*, dont le museau est garni de moustaches et qui sont dépourvus de défenses, et les *morses*, dont la mâchoire supérieure est armée de deux énormes défenses dirigées en bas.

Ces animaux sont-ils de quelque utilité à l'homme ?

On les chasse pour l'huile qu'on en retire et pour l'ivoire de leurs défenses.

---

§. 21.

TROISIÈME ORDRE DE LA CLASSE DES MAMMIFÈRES.

LES MARSUPIAUX.

Quels sont les animaux compris sous la dénomination de marsupiaux?

Cet ordre renferme les sarigues, petits quadrupèdes qui habitent l'Amérique, les kanguroos, animaux particuliers à la Nouvelle-Hollande et aux îles voisines, et quelques autres quadrupèdes moins connus.

Quels sont les caractères qui les distinguent?

Les marsupiaux ont une poche formée par un repli de la peau, et qui sert à loger leurs petits, trop faibles pour pourvoir eux-mêmes à leur sûreté.

En quel état naissent les petits de ces animaux?

Ils naissent informes et incapables de mouvement. Ils achèvent leur développement dans l'intérieur de cette poche dont les femelles sont pourvues; ils y reçoivent la première nourriture, et y cherchent encore pendant longtemps un refuge contre le froid ou les dangers qui les menacent.

§. 22.

QUATRIÈME ORDRE DE LA CLASSE DES MAMMIFÈRES.

LES RONGEURS.

Quels caractères distinguent les animaux de cet ordre?

Les rongeurs sont des animaux onguiculés dépourvus de canines. Ils ont à chaque mâchoire deux longues incisives tranchantes, séparées des molaires par un espace vide.

Quel est l'usage de ces incisives?

Elles leur servent à limer et à ronger les substances dont ils se nourrissent. Ces dents présentent cette particularité, qu'elles repoussent continuellement de la racine à mesure qu'elles s'usent.

Quelle est la nourriture habituelle des rongeurs?

Ces animaux se nourrissent principalement de substances végétales.

Quels sont les animaux compris dans cet ordre?

Les principaux genres dont se compose l'ordre des rongeurs sont : l'écureuil, la marmotte, le rat, le loir, le porc-épic, le lièvre, le lapin, le castor, etc.

§. 23.

CINQUIÈME ORDRE DE LA CLASSE DES MAMMIFÈRES.

LES ÉDENTÉS.

En quoi se distinguent les édentés?

Les animaux compris dans l'ordre des édentés ont pour caractère principal de manquer de dents incisives; quelques-uns sont aussi dépourvus de canines, et il en est même qui n'ont pas de dents du tout.

Quelles sont les habitudes générales des édentés?

Ces animaux se font remarquer par la lenteur de leurs mouvements. Beaucoup d'entre eux se creusent des terriers où ils restent pendant le jour, ne sortant que la nuit pour aller à la recherche de leur nourriture, qui consiste en fruits et en légumes.

Quels sont les animaux compris dans cet ordre?

L'ordre des édentés renferme les tatous, l'aï, l'unau, les fourmiliers, de l'Amérique méridionale; les pangolins, originaires de l'Inde; les échidnés et les ornithorhynques, particuliers à la Nouvelle-Hollande.

§. 24.

SIXIÈME ORDRE DE LA CLASSE DES MAMMIFÈRES.

LES PACHYDERMES.

Que signifie le mot pachyderme?

Le mot pachyderme signifie peau épaisse; il désigne un ordre des mammifères qui renferme des animaux à cuir épais et peu garni de poils.

Quelles sortes d'animaux cet ordre renferme-t-il?

Cet ordre renferme les mammifères terrestres les plus volumineux; tels sont : l'éléphant, le rhinocéros, l'hippopotame, le cochon, le cheval, etc.

Quelle est leur nourriture habituelle?

Les pachydermes vivent de végétaux, d'herbes, de racines, de fruits, de grains, etc.

Quels lieux habitent-ils de préférence?

La plupart se tiennent dans les marais, les lieux

humides; quelques-uns aiment à se vautrer dans la fange ou à se plonger dans l'eau.

Comment les divise-t-on?

On divise les pachydermes en trois familles : 1.° les proboscidiens, animaux à trompe et à défense, ex. l'éléphant ; 2.° les pachydermes ordinaires, qui n'ont pas de trompe, mais plusieurs doigts distincts, ex. le cochon ; 3.° les solipèdes, qui n'ont qu'un seul sabot à chaque pied, ex. le cheval.

§. 25.

SEPTIÈME ORDRE DE LA CLASSE DES MAMMIFÈRES.

LES RUMINANTS.

Quels sont les caractères des animaux ruminants?

Les animaux ruminants n'ont pas de dents incisives à la mâchoire supérieure; leurs pieds sont fourchus.

Pourquoi les appelle-t-on ruminants?

Parce que dans le repos ils ruminent, c'est-à-dire, qu'ils mâchent les aliments amassés dans leur estomac.

Comment se fait la rumination?

L'estomac des ruminants est divisé en quatre parties. La première partie est appelée *panse*, c'est la plus grande. Les herbes y sont rassemblées en abondance. De la panse elles passent dans la seconde portion, appelée *bonnet*, dont les parois ont des lames semblables à des rayons d'abeilles.

Que deviennent les aliments à leur sortie du bonnet?

Du bonnet, les herbes ramassées en petites pelotes, remontent dans la bouche pour y être mâchées. Ainsi broyés, les aliments descendent dans la troisième partie de l'estomac, nommée *feuillet*, et de celle-ci dans la quatrième, appelée *caillette*, qui est le véritable organe de la digestion.

Quels sont les animaux compris dans cet ordre?

L'ordre des ruminants renferme la girafe, le cerf, le chameau, le renne, la chèvre, le bœuf, le mouton, etc.

§. 26.

HUITIÈME ORDRE DE LA CLASSE DES MAMMIFÈRES.

LES CÉTACÉS.

Quelle est la conformation générale des cétacés?

Les cétacés ressemblent aux poissons. Leurs membres postérieurs manquent tout à fait et sont remplacés par une queue épaisse terminée par une nageoire.

Ces animaux sont-ils complétement dépourvus de membres?

Non; mais leurs membres antérieurs sont réduits à des os raccourcis, enveloppés aussi dans une sorte de nageoire.

Quels lieux habitent-ils?

Les mammifères cétacés n'habitent que les mers.

Comment les divise-t-on?

On divise les cétacés en deux familles : 1.° les cétacés herbivores, qui peuvent ramper et paître sur les rives qu'ils fréquentent, ex. le lamantin ; 2.° les cétacés souffleurs, qui engloutissent une grande quantité d'eau, qu'ils rejettent avec violence par un trou placé au-dessus de leur tête, ex. la baleine, les cachalots.

§. 27.

DEUXIÈME CLASSE DES VERTÉBRÉS.

LES OISEAUX.

Donnez la définition des oiseaux.

Les oiseaux sont des animaux vertébrés qui se distinguent des mammifères par leur corps couvert de plumes, l'absence de dents, et parce que leurs petits naissent à l'état d'œufs.

Quelle particularité leurs membres présentent-ils?

Chez les oiseaux les membres antérieurs sont transformés en ailes; le pied est réduit à un seul os nommé *tarse*, et placé presque verticalement sur les doigts.

Quel est le mécanisme qui permet aux oiseaux de se tenir sur les branches?

Les muscles qui opèrent la flexion des doigts sont disposés de manière que le simple poids du corps de l'oiseau leur fait serrer la branche sur laquelle il est perché.

Quels sont les organes qui chez ces animaux remplacent les dents?

Les oiseaux ont un bec très-dur, formé de deux mandibules; en outre leur estomac, appelé *gésier*, est très musculeux : il broie les grains qu'avale l'animal et qui séjournent d'abord dans une poche nommée *jabot*.

§. 28.

SUITE DES OISEAUX.

Quelle particularité présente chez les oiseaux la respiration?

Chez les oiseaux les poumons communiquent avec l'intérieur des grands os et des grandes plumes, et leur envoient de l'air, ce qui doit nécessairement rendre ces animaux plus légers.

Quel est le mode de reproduction des oiseaux?

Les petits des oiseaux naissent à l'état d'œufs, qui ont besoin pour éclore d'être couvés par les parents ou exposés à une douce chaleur pendant un temps qui varie pour chaque espèce.

Comment divise-t-on les oiseaux?

On les divise en six ordres, savoir:

1.° Les Rapaces, ex. les aigles, les vautours.

2.° Les Passereaux, ex. les merles, les corbeaux.

3.° Les Grimpeurs, ex. les perroquets.

4.° Les Gallinacés, ex. le pigeon, le dindon, le coq.

5.° Les Échassiers, ex. le héron, la bécasse.

6.° Les Palmipèdes, ex. le canard, le cygne.

§. 29.

TROISIÈME CLASSE DES VERTÉBRÉS.

LES REPTILES.

Quels sont les caractères qui distinguent les reptiles?

Les reptiles sont des animaux vertébrés, à sang froid et à respiration incomplète, c'est-à-dire que chez eux le cœur n'envoie aux poumons qu'une partie du sang qu'il reçoit par les veines.

Quel est le mode de reproduction des reptiles?

Les reptiles sont ovipares; ils mettent bas des œufs, d'où les petits sortent au bout de quelque temps.

N'y a-t-il pas d'exception à cette loi?

Les vipères font exception: chez elles les petits naissent vivants; mais c'est que les œufs sont éclos dans le sein de la mère.

Comment divise-t-on les reptiles?

On les divise en quatre ordres: les *chéloniens*, les *sauriens*, les *ophidiens* et les *batraciens*.

§. 30.

PREMIER ORDRE DE LA CLASSE DES REPTILES.

LES CHÉLONIENS.

Quels sont les caractères des chéloniens?

Les reptiles chéloniens sont caractérisés par l'absence complète de dents et par une boîte osseuse qui recouvre leur corps. Cette boîte est composée de deux pièces; une supérieure, nommée *carapace*, et une inférieure, nommée *plastron*.

Quel est l'usage de cette boîte?

Elle sert à défendre l'animal contre les attaques extérieures; au moment du danger il retire sa tête et ses pattes dans ce *test*.

Quels sont les animaux compris dans cet ordre?

L'ordre des chéloniens renferme les diverses espèces de tortues, animaux aquatiques et terrestres, qui se reproduisent au moyen d'œufs que la femelle pond sur les rivages et qu'elle recouvre de sable.

Comment divise-t-on les tortues?

On divise les tortues en tortues de terre, tortues d'eau douce et tortues marines : celles-ci pèsent quelquefois jusqu'à 250 kilogrammes.

§. 31.

DEUXIÈME ORDRE DE LA CLASSE DES REPTILES.

LES SAURIENS.

Quels sont les animaux compris dans l'ordre des sauriens?

Les principaux reptiles sauriens sont les lézards, les crocodiles, les caméléons, les iguanes, les dragons, etc.

Quels sont leurs caractères généraux?

Les sauriens ont le corps allongé, couvert d'écailles, quatre pieds, rarement deux; leurs mâchoires sont garnies de dents.

Quel est leur genre de nourriture?

Ces animaux vivent de chair, d'insectes, etc.; ils changent d'épiderme à chaque printemps et déposent leurs œufs sur la terre ou dans le sable.

Quels lieux habitent-ils de préférence?

Les uns, comme les lézards, habitent les lieux secs; d'autres, tels que les crocodiles, se tiennent au bord des fleuves de l'Afrique, de l'Amérique et de l'Asie australe.

§. 32.

TROISIÈME ORDRE DE LA CLASSE DES REPTILES.

LES OPHIDIENS.

Quels sont les caractères des reptiles ophidiens?

Les ophidiens sont dépourvus de membres; ils se meuvent au moyen de leur corps long et flexible. Leur peau est nue ou recouverte d'écailles.

Quels sont les animaux compris dans cet ordre?

L'ordre des ophidiens renferme les diverses espèces de serpents, que l'on divise en serpents venimeux et en serpents non venimeux.

Donnez quelques détails sur leur genre de vie.

Les serpents restent engourdis pendant une partie de l'année, après quoi ils muent, c'est-à-dire qu'ils changent de peau. Ils vivent d'insectes, d'animaux aquatiques, de petits quadrupèdes, etc.

Quelle est leur patrie?

Ils habitent tous les climats; cependant l'aspic est particulier à l'Égypte; la vipère fer de lance, aux Antilles; le crotale ou serpent à sonnettes, à l'Amérique.

§. 33.

QUATRIÈME ORDRE DE LA CLASSE DES REPTILES.

LES BATRACIENS.

Quels genres d'animaux renferme l'ordre des batraciens?

Cet ordre renferme trois genres: les grenouilles, les crapauds et les raines.

Quels sont les caractères qui les distinguent?

Les batraciens ont deux ou quatre membres, la peau nue, recouverte de glandes qui sécrètent une humeur visqueuse.

Ont-ils dès leur naissance la forme qu'ils doivent conserver?

Non; presque tous, dans les commencements de leur vie, ont la forme générale des poissons; comme ces derniers, ils respirent avec des branchies, sont dépourvus de membres et habitent les eaux.

Quels changements subissent-ils?

Plus tard ils acquièrent des membres propres au saut et à la natation; et presque tous respirent au moyen de véritables poumons.

§. 34.

QUATRIÈME CLASSE DES VERTÉBRÉS.

LES POISSONS.

Quels caractères distinguent les poissons?

Les poissons sont des animaux ovipares, essentiellement aquatiques, à sang rouge et froid, dépourvus de membres et respirant au moyen de branchies.

Qu'appelez-vous branchies?

Les branchies sont des organes placés aux deux côtés du cou et sillonnés d'une multitude innombrable de vaisseaux sanguins.

Comment les branchies servent-elles à la respiration des poissons?

Les lames minces et très-rapprochées dont elles se composent tamisent l'eau que le poisson avale, et mettent le sang en contact avec l'oxigène de l'air contenu dans l'eau.

L'eau contient donc de l'air?

Oui : l'eau des ruisseaux, des lacs, des fleuves et des mers contient de l'air, et cet air renferme plus d'oxigène que l'air atmosphérique.

§. 35.

SUITE DES POISSONS.

Que devient l'eau avalée par le poisson?

L'eau, après avoir passé par les branchies, sort par les ouvertures nommées ouïes.

Comment ces animaux se soutiennent-ils dans les eaux?

Beaucoup de poissons ont dans l'intérieur du corps une vessie pleine d'air, appelée vessie natatoire, qui sert à les faire monter ou descendre, suivant qu'ils compriment ou qu'ils dilatent cette vessie.

Quels sont les organes qui leur servent à se diriger au sein de l'eau?

C'est au moyen des nageoires dont leur corps est garni que les poissons se dirigent.

Combien de sortes de nageoires distingue-t-on?

On en distingue quatre sortes : celles qui représentent les bras se nomment nageoires pectorales; celles qui occupent la place des pieds se nomment nageoires ventrales; celle qui termine le corps est appelée nageoire caudale, et enfin on nomme nageoires dorsales celles qui sont situées sur le dos.

§. 36.

SUITE DES POISSONS.

Quel est le mode de reproduction des poissons?

Les poissons pondent des œufs sans coquilles; ils les déposent ordinairement dans les endroits où l'eau est tranquille. Ces œufs éclosent au bout d'un temps assez court.

Quelle est la nourriture des poissons?

Ces animaux se nourrissent de poissons plus petits qu'eux ou d'autres animaux aquatiques.

Les poissons ont-ils de la voix?

Non : les poissons manquent tout à fait des organes de la voix. La sensibilité est aussi très-obtuse chez eux.

Les poissons exécutent-ils des voyages?

Oui : il en est qui émigrent à certaines époques pour gagner des rivages plus commodes; un grand nombre, tels que les harengs, les morues, etc., en entreprennent de très-longs dont le motif nous est inconnu; enfin le temps du frai est pour beaucoup l'occasion de remonter les fleuves pour y déposer leurs œufs.

§. 37.

DEUXIÈME EMBRANCHEMENT DU RÈGNE ANIMAL.

LES ARTICULÉS.

Quels sont les caractères des animaux articulés?

Les articulés sont des animaux invertébrés, dont le corps est revêtu de parties solides, formant des sortes d'anneaux qu'on appelle *articles*, d'où est venu leur nom.

Comment respirent-ils?

Les uns respirent au moyen de branchies, les autres au moyen de trachées, sortes de petites ouvertures répandues sur toute la surface du corps.

Comment les divise-t-on?

On divise les articulés en quatre classes : les *insectes*, les *arachnides*, les *crustacés* et les *annélides*.

§. 38.

PREMIÈRE CLASSE DES ARTICULÉS.

LES INSECTES.

De combien de parties se compose le corps des insectes?

Les insectes ont le corps formé de trois parties distinctes : la tête, le corselet et l'abdomen.

Qu'est-ce que la tête présente de remarquable?

Elle porte en avant deux sortes de cornes mobiles appelées *antennes*, au moyen desquels l'animal se met en rapport avec les objets qu'il rencontre.

Comment les yeux sont-ils disposés chez les insectes?

Les yeux sont taillés en facettes, de manière à réfléchir de tous côtés les objets.

Comment est conformée la bouche dans les animaux de cette classe?

La bouche est armée tantôt de deux mâchoires ou mandibules, tantôt d'un suçoir, espèce de canal aigu qui sert à percer la peau des animaux, tantôt enfin d'une sorte de trompe pour aspirer les liquides.

§. 39.

SUITE DES INSECTES.

Qu'appelle-t-on corselet chez les insectes?

Le corselet est la partie intermédiaire entre la tête et l'abdomen. Il donne attache, en dessous, aux pattes le plus souvent au nombre de six, et en dessus, aux ailes.

Les ailes sont-elles toujours nues?

Les ailes, toujours minces et membraneuses chez ces animaux, sont, dans plusieurs genres, recouvertes de deux étuis solides, appelés *élytres.*

Comment se fait la respiration chez les insectes?

Cette fonction se fait par des canaux qui ont leurs ouvertures aux côtés de l'abdomen, et que l'on appelle *trachées.*

Comment l'air pénètre-t-il dans les trachées?

C'est par les orifices des trachées que l'air pénètre dans leur intérieur. Ces orifices s'appellent *stigmates.*

§. 40.

SUITE DES INSECTES.

Qu'appelle-t-on abdomen chez les insectes?

L'abdomen est la partie postérieure du corps des insectes et en même temps la plus volumineuse.

Quelle particularité présente-t-il chez quelques-uns?

L'abdomen de plusieurs insectes est muni d'une arme offensive qui verse dans les plaies qu'elle fait une liqueur âcre, véritable poison pour beaucoup de petits animaux; telles sont les guêpes, les abeilles.

Qu'appelle-t-on métamorphoses des insectes?

Les insectes passent par plusieurs états avant

d'arriver à leur parfait développement. On appelle métamorphoses les changements qu'ils subissent.

En quoi consistent ces changements?

Les insectes existent d'abord à l'état de *larves;* des larves naissent des *chenilles,* qui à diverses époques se dépouillent de leur peau; puis elles apparaissent sous une forme nouvelle, et sont appelées alors *chrysalides.*

L'état de chrysalide est-il la dernière métamorphose des insectes?

Après s'être filé un cocon dans lequel elles restent engourdies pendant longtemps, les chrysalides sortent de leur léthargie et apparaissent sous la forme d'insectes parfaits.

§. 41.

DEUXIÈME CLASSE DES ARTICULÉS.

LES ARACHNIDES.

Qu'appelle-t-on arachnides?

Les arachnides ou araignées sont des animaux articulés dont le corps est composé de deux parties, la tête et l'abdomen.

Qu'est-ce que la tête présente à considérer?

La tête des arachnides porte en avant deux crochets mobiles qui servent à l'animal à percer sa proie, et qui versent dans les plaies qu'ils font une liqueur âcre.

Quel caractère les yeux présentent-ils dans cette classe?

Les yeux sont au nombre de huit; ils sont immobiles et sans facettes, mais disposés de telle sorte que l'araignée peut voir de côté sans se retourner.

Comment les araignées construisent-elles leurs toiles?

La substance qui sert aux araignées à construire leurs fils est renfermée dans leur ventre; elles la font sortir à volonté par cinq mamelons ou ouvertures placées à la partie postérieure de leur abdomen.

§. 42.

TROISIÈME CLASSE DES ARTICULÉS.

LES CRUSTACÉS.

Quels sont les caractères des crustacés?

Les crustacés ont le plus souvent le corps recouvert d'une enveloppe écailleuse; leurs membres sont articulés et au nombre de dix et même plus; enfin, les deux pieds de devant se terminent en pinces.

Quel est le mode de respiration de ces animaux?

Les crustacés respirent au moyen de branchies.

Comment se reproduisent-ils?

Les femelles portent plusieurs paquets d'œufs fixés sous leur corps; ces œufs y restent jusqu'à ce qu'ils soient éclos.

Quelle est la nourriture des crustacés?

Ils vivent de chair morte ou vivante; quelques-uns restent fixés sur des cétacés, des reptiles aquatiques ou des poissons, et se nourrissent de leur substance.

En quels lieux vivent-ils principalement?

Le plus grand nombre vit dans les eaux de la mer; d'autres se tiennent dans les eaux douces ou sur la terre.

Quelles sont les espèces les plus communes?

Les écrevisses, les homards, les crabes, les langoustes, etc., sont les crustacés les plus généralement connus.

§. 43.

QUATRIÈME CLASSE DES ARTICULÉS.

LES ANNÉLIDES.

Quels sont les animaux compris dans la classe des annélides?

Les vers de terre, appelés *lombrics*, et les sangsues, sont les annélides qui se rencontrent le plus fréquemment dans nos climats.

Quels sont les caractères qui les distinguent?

Les annélides ont en général un corps mou, allongé, partagé en anneaux nombreux. Ils n'ont pas de membres; la plupart rampent en contractant et allongeant successivement les diverses parties de leur corps.

Quelles sont les particularités que présente l'organisation des sangsues?

Les sangsues sont pourvues à chacune de leurs extrémités d'un disque, qui est une sorte de ventouse qui leur sert à s'attacher aux objets. Leur bouche, située à l'extrémité la plus mince de leur corps, est armée de trois petites dents, au moyen desquelles la sangsue entame la peau des animaux pour pouvoir sucer ensuite leur sang.

§. 44.

TROISIÈME EMBRANCHEMENT DU RÈGNE ANIMAL.

LES MOLLUSQUES.

Quels sont les caractères particuliers aux mollusques?

Les animaux mollusques ont un corps formé essentiellement de parties molles; ils n'ont ni vertèbres, ni os, et par conséquent point de squelette.

De quels moyens de défense la nature les a-t-elle doués?

Chez les uns, la peau est très-épaisse et coriace; elle se laisse très-difficilement entamer, et elle exsude continuellement une humeur visqueuse. Chez un grand nombre, cette humeur se transforme en une coquille très-dure.

Comment se fait la respiration chez ces animaux?

La respiration se fait tantôt au moyen de branchies, comme chez les poissons, et tantôt au moyen de poumons.

Quel est le caractère de leur sang?

Chez les mollusques le sang est blanc.

Comment les divise-t-on?

On divise les mollusques en *mollusques nus*, ex. le limaçon, et en *mollusques testacés*, c'est-à-dire munis d'une coquille, ex. l'escargot, l'huître.

§. 45.

QUATRIÈME EMBRANCHEMENT DU RÈGNE ANIMAL.

LES ZOOPHYTES.

Que veut dire le mot zoophyte?

Zoophyte vient de deux mots grecs, dont l'un signifie *animal* et l'autre *plante*.

Pourquoi donne-t-on ce nom aux animaux de cette classe?

Parce que leur organisation les rapproche des plantes, et que d'une autre part on ne peut pas refuser de les considérer comme des animaux.

Quels sont les caractères qui les distinguent?

Ce sont en quelque sorte des caractères purement négatifs; ils sont, en effet, dépourvus de membres, d'yeux, de tête; leur substance est homogène. Quelques-uns ont la faculté de pouvoir être divisés et de former ainsi plusieurs individus. D'autres ont celle de se greffer entre eux à la manière des végétaux.

Où rencontre-t-on les zoophytes?

Un grand nombre vivent au fond des mers en sociétés nombreuses et y élèvent des bancs d'une substance pierreuse dont leur corps se recouvre : ce sont les polypes; quelques-uns se trouvent toujours dans l'intérieur du corps des autres animaux; tels sont le ver solitaire et les ascarides; ceux-ci attaquent plus particulièrement les enfants.

	EMBRANCHEMENTS.	CLASSES.	ORDRES.	FAMILLES.	TRIBUS.	GENRES.
ANIMAUX	VERTÉBRÉS	MAMMIFÈRES	Quadrumanes			Singe.
			Carnassiers	Chéiroptères		Chauve-souris.
				Insectivores		Hérisson.
				Carnivores	Plantigrades	Ours.
					Digitigrades	Chien.
					Amphibies	Phoque.
			Marsupiaux			Sarigue.
			Rongeurs			Rat.
			Édentés			Tatou.
			Pachydermes	Proboscidiens		Éléphant.
				Pachydermes ords		Cochon.
				Solipèdes		Cheval.
			Ruminants			Bœuf.
			Cétacés			Baleine.
		OISEAUX	Rapaces			Aigle.
			Passereaux			Corbeau.
			Grimpeurs			Perroquet.
			Gallinacés			Coq.
			Échassiers			Héron.
			Palmipèdes			Canard.
		REPTILES	Chéloniens			Tortue.
			Sauriens			Lézard.
			Ophidiens			Couleuvre.
			Batraciens			Grenouille.
		POISSONS				Saumon.
	ARTICULÉS	INSECTES				Abeille.
		ARACHNIDES				Araignée.
		CRUSTACÉS				Écrevisse.
		ANNÉLIDES				Sangsue.
	MOLLUSQUES					Limace.
	ZOOPHYTES					Corail.

TABLE DES MATIÈRES.

FIN.

www.ingramcontent.com/pod-product-compliance
Lightning Source LLC
LaVergne TN
LVHW012013160826
845678LV00002B/812

* 9 7 8 2 3 2 9 6 6 3 6 4 7 *